全国二级建造师执业资格考试

U0718005

案例150问

公路工程管理与实务

哈爾濱工程大学出版社
Harbin Engineering University Press

目录 CONTENTS

2B310000 公路工程施工技术

问题 1 公路路基施工时,哪些情况应进行试验路段施工?

【答】公路路基工程施工时,下列情况应进行试验路段施工:二级及二级以上公路路堤;填石路堤、土石路堤;特殊填料路堤;特殊路基;拟采用新技术、新工艺、新材料、新设备的路基。

问题 2 地基表层碾压处理压实度控制标准以及低路堤超挖回填压实的处理深度是什么?

【答】地基表层碾压处理压实度控制标准为:二级及二级以上公路一般土质应不小于90%;三、四级公路应不小于85%。

低路堤超挖回填压实的处理深度应不小于路床厚度。

问题 3 土质路堑开挖的方法除混合式开挖法外还包括哪些?混合式开挖法的适用条件是什么?

【答】土质路堑开挖的方法除混合式开挖法外还包括横挖法、纵挖法和分段掘进法。

混合式开挖法适用于开挖断面宽,开挖量大的情形。

问题 4 公路施工中,路基填筑压实度的检测方法有哪些?压实工艺的主要参数有哪些?

【答】压实度的检测方法有灌砂法、环刀法、钻芯法、核子密湿度仪法、无核密度仪法等。

压实工艺主要参数有机械组合、压实机械规格、松铺厚度、碾压遍数、碾压速度、最佳含水率及碾压时含水率范围等。

问题 5　石质路堑常见的爆破方法除光面爆破外，还有哪几种？光面爆破的特点是什么？

【答】石质路堑常见的爆破方法除光面爆破外，还有预裂爆破、微差爆破和定向爆破。

光面爆破的特点：沿开挖边界布置密集炮孔，采取不耦合装药或装填低威力炸药，在主爆区之后起爆，以形成平整的轮廓面。

问题 6　路基试验中，土的试验项目应包括哪些内容？

【答】土的试验项目包括天然含水率、液限、塑限、颗粒分析、击实、CBR 等，必要时还应做相对密度、有机质含量、易溶盐含量、冻胀和膨胀量等试验。

问题 7　土方路堤填筑的施工方法除分层填筑法外还有哪些？分层填筑法的特点是什么？

【答】土方路堤填筑的施工方法除分层填筑法外还有竖向填筑法和混合填筑法。

分层填筑法可分为水平分层填筑法与纵向分层填筑法，其特点如下。

(1)水平分层填筑法：路基填筑的常用方法，按横断面全宽分成水平层次，然后逐层上填。

(2)纵向分层填筑法：沿路线纵坡方向分层，然后逐层坡向填筑。宜用于从路堑用推土机取土距离较短的路堤。

问题 8　填石路堤的填料要求有哪些？简述边坡码砌的施工要求。

【答】填石路堤填料应符合下列规定：

(1)硬质岩石、中硬岩石可用于路堤和路床填筑；软质岩石可用于路堤填筑，不得用于路床填筑；膨胀岩石、易溶性岩石和盐化岩石不得用于路基填筑。

(2)路基的浸水部位，应采用稳定性好、不易膨胀崩解的石料填筑。

(3)路堤填料粒径应不大于500 mm,并宜不超过层厚的2/3。路床底面以下400 mm范围内,填料最大粒径不得大于150 mm,其中小于5 mm的细料含量应不小于30%。

中硬、硬质石料填筑路堤时,应进行边坡码砌。码砌防护的石料强度、尺寸应满足设计要求。边坡码砌与路基填筑应基本同步进行。

问题9 填石路堤压实质量控制应采用哪两项指标?

【答】填石路堤压实质量控制两项指标是沉降差和孔隙率。

问题10 填石路堤分层填筑的主要工艺流程是什么?

【答】填石路堤分层填筑的主要工艺流程:施工准备→填料装运→分层填筑→摊铺平整→振动碾压→检测签认→路基成型→路基整修。

问题11 路堤填筑时,两侧加宽超填的作用是什么?

【答】两侧加宽超填的作用是保证路基宽度范围内压实度合格,预防路基沉降。

问题12 填石路堤设计图要求边坡码砌2 m厚块石,块石工程量应如何计量?

【答】块石工程量应同路基中的填石一起按填石路堤计量。

问题13 测量路堤施工沉降的常用仪器有哪些?

【答】测量路堤施工沉降的常用仪器有沉降板(观测地表沉降量)、地表水平位移桩(观测地表水平位移量及隆起量)、测斜仪(观测土体深层水平位移)。

问题14 公路施工中,路基排水设施有哪些?

【答】路基排水设施分为地面排水设施和地下排水设施。地面排水设施包括边沟、截水沟、排水沟、急流槽、拦水带、蒸发池、跌水等设施。地下排水设施包括排水沟、渗沟、渗井、检查井、暗沟(管)等。

问题15 软土地基浅层处理的方法有哪几种?

【答】软土地基浅层处理的方法有浅层置换、抛石挤淤、浅层改良等。

问题16 公路软土地基处理时,排水沟、土工格栅、级配碎石垫层的作用分别是什么?

【答】排水沟的作用是防止路基范围内的地面水流入路基内。

土工格栅的作用是防止因路基产生不均匀沉降而产生反射裂缝以及加强路基的整体强度和板体作用。

级配碎石垫层的作用是透水和扩散应力。

问题17 公路软土地基处理时,袋装砂井和抛石挤淤的适用范围是什么?

【答】袋装砂井主要适用于深度大于3.0 m的软土地基处理。

抛石挤淤主要适用于泥沼及软土厚度小于3.0 m且位于水下时,置换施工困难的情形。

问题18 公路路基工程中,水泥粉煤灰碎石桩施工前应进行什么试验?

【答】水泥粉煤灰碎石桩施工前应进行成桩工艺和成桩强度试验。

问题 19 振动沉管法的成桩工艺方法包括哪些？

【答】振动沉管法成桩工艺方法包括一次拔管成桩法、逐步拔管成桩法和重复压管成桩法。

问题 20 粉喷桩处理软基的主要目的有哪些？

【答】提高路基的稳定性和控制地基的沉降变形。

问题 21 软土地区路堤施工技术要求有哪些？

【答】软土地区路堤施工技术要求：

(1)软土地区路堤施工应尽早安排，施工计划中应考虑地基所需固结时间。

(2)填筑过程中，应严格控制填筑速率，并应进行动态观测。

(3)施工期间，路堤中心线地面沉降速率 24 h 应不大于 10～15 mm，坡脚水平位移速率 24 h 应不大于 5 mm。应结合沉降和位移观测结果综合分析地基稳定性。填筑速率应以水平位移控制为主，超过标准应立即停止填筑。

(4)桥台、涵洞、通道以及加固工程应在预压沉降完成后再进行施工。

(5)应按设计要求的预压荷载、预压时间进行预压。堆载预压的填料宜采用上路床填料，并分层填筑压实。

问题 22 软土地区路堤施工应进行的动态观测项目包括什么？

【答】动态观测项目包括沉降和水平位移。

问题 23　什么是重力式挡土墙？重力式挡土墙的构造物有哪些？

【答】重力式挡土墙指的是依靠墙身自重抵抗土体侧压力的挡土墙。

重力式挡土墙的构造物有基础、墙身、排水设施、沉降缝、伸缩缝等。

问题 24　按照墙背的形式，重力式挡土墙可以分为哪些类别？

【答】按照墙背的形式，重力式挡土墙可以分为仰斜式、垂直式、俯斜式、衡重式和凸折式。

问题 25　挡土墙的施工工序是什么？挡土墙的其他附属工程应包括哪些构筑物？

【答】挡土墙的施工工序：测量放样→基坑开挖→基础施工→墙身施工→其他附属工程施工。

挡土墙的其他附属工程应包括伸缩缝、沉降缝。

问题 26　重力式挡土墙墙背填料有哪些要求？

【答】墙背填料应符合下列规定：

(1)宜采用砂性土、卵石土、砾石土或块石土等透水性好、抗剪强度高的材料。

(2)采用黏质土作为填料时，应在墙背设置厚度不小于 300 mm 的砂砾或其他透水性材料排水层；排水层顶部应采用黏质土层封闭，土层厚度宜不小于 500 mm。

(3)填料中不得含有机物、冰块、草皮、树根及生活垃圾。不得使用腐殖土、盐渍土、淤泥、白垩土、硅藻土、生活垃圾及有机物等作为墙背填料。

问题27 路基弯沉的单位是什么？某Ⅱ型路面结构路基设计弯沉要求指标210，表示的含义是什么？

【答】单位为0.01 mm。

210表示要求路基弯沉值必须小于或等于2.1 mm(210×0.01 mm)。

问题28 公路工程施工中，石方边坡开挖的要求有哪些？

【答】石方开挖应根据岩石的类别、风化程度、岩层产状、岩体断裂构造、施工环境等因素确定开挖方案。严禁采用峒室爆破，靠近边坡部位的硬质岩应采用光面爆破或预裂爆破。爆破后15 min后才能进入现场按规定检查和处理盲炮、危石。

问题29 路基在进行放样时，对于深挖高填路段，中线和横断面的复测频率如何确定？

【答】路基在进行放样时，对于深挖高填路段，每挖填一个边坡平台或者3～5 m，应复测中线和横断面。

问题30 路基施工时，基底承载力不能满足设计要求时的工程处理措施有哪些？

【答】工程处理措施有：超挖换填水稳定性好、强度高的材料；掺加水泥、石灰等进行土壤改良；提高压实度；设置片石混凝土等扩大基础；设置桩基础等。

问题31 路面结构设计中，路肩可以分为哪几种？

【答】路面结构设计中，路肩可以分为硬路肩和土路肩。

［注］土路肩是指紧邻硬路肩或者紧邻没有硬路肩的车道的道路组成部分。硬路肩指的是与车行道相邻并铺以具有一定强度路面结构的路肩部分(包括路缘带)。

问题32 **路基施工中线测量放样方法有哪几种?**

【答】中线测量放样方法有切线支距法、偏角法、坐标法、GPS－RTK技术法。

问题33 **对于路基行车带产生"弹簧土"且急于赶工的部位,施工单位可采取的技术措施是什么?**

【答】对于产生"弹簧土"且急于赶工的路基行车带部位,可掺生石灰翻拌,待其含水量适宜后重新碾压。

问题34 **填隙碎石底基层的施工方法有哪些?**

【答】填隙碎石底基层的施工方法有湿法或干法。

问题35 **填隙碎石底基层采用湿法施工时的要求有哪些?**

【答】填隙碎石底基层采用湿法施工时应符合下列要求:

(1)初压宜用两轮压路机碾压3～4遍,使骨料稳定就位,初压结束时,表面应平整,并具有规定的路拱和纵坡。

(2)填隙料应采用石屑撒布机或类似的设备均匀地撒铺在已压稳的骨料层上,松铺厚度宜为25～30 mm;必要时,可用人工或机械扫匀。

(3)应采用振动压路机慢速碾压,将全部填隙料振入骨料间的空隙中。无振动压路机时,可采用重型振动板。路面两侧宜多压2～3遍。

(4)再次撒布填隙料,松铺厚度宜为20～25 mm,应用人工或机械扫匀。

(5)同第(3)款,再次振动碾压;局部多余的填隙料应扫除。

(6)碾压后,应对局部填隙料不足之处进行人工找补,并用振动压路机继续碾压,直到全部空隙被填满，应将局部多余的填隙料扫除。

(7)填隙碎石表面空隙全部填满后，宜再用重型压路机碾压1～2遍。在碾压过程中，不应有任何蠕动现象。在碾压之前，宜在表面洒少量水，洒水量宜不少于3 kg/m^2。

(8)骨料层表面空隙全部填满后，宜立即用洒水车洒水，直到饱和。

(9)宜用重型压路机跟在洒水车后碾压。应将湿填隙料及时扫入出现的空隙中；必要时，宜再添加新的填隙料。

(10)应洒水碾压至填隙料和水形成粉浆，粉浆应填塞全部空隙，并在压路机轮前形成微波纹状。

(11)碾压完成的路段应让水分蒸发一段时间，结构层变干后，应将表面多余的细料以及细料覆盖层扫除干净。

(12)需分层铺筑时，宜待结构层变干后，将已压成的填隙碎石层表面的填隙料扫除一些，使表面骨料外露5～10 mm，然后在其上摊铺第二层骨料。

问题36 煤矸石等工业废渣的使用要求有哪些？

【答】煤矸石等工业废渣使用前应崩解稳定，且宜通过不同龄期条件下的强度和模量试验以及温度收缩和干湿收缩试验等评价混合料性能。

问题37 无机结合料稳定材料组成的设计流程是什么？

【答】无机结合料稳定材料组成的设计流程如下图所示。

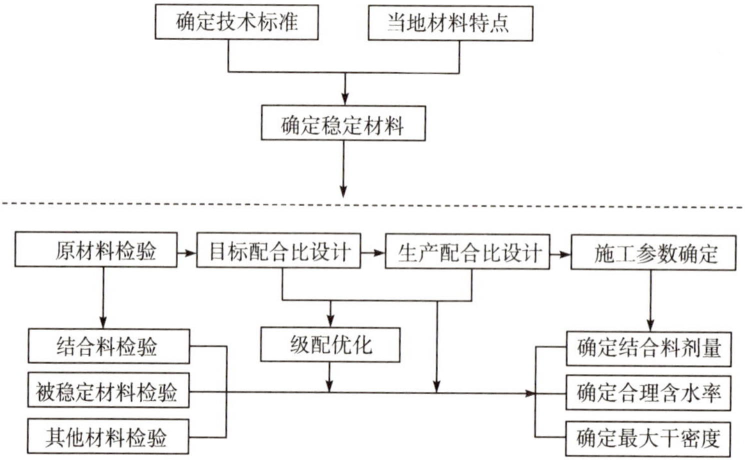

问题 38　确定无机结合料稳定材料最大干密度指标的方法有哪些?

【答】确定无机结合料稳定材料最大干密度指标的方法有重型击实法、振动压实法。

问题 39 某路基断面及路面结构示意图中，从上往下依次是 4 cm 厚 AC－13C 改性沥青混凝土，功能层 C（不计厚度），5 cm 厚 A－16C 沥青混凝土，功能层 D（0.6 cm 厚），功能层 E（不计厚度），20 cm 厚水泥稳定碎石，20 cm 厚水泥稳定碎石。写出功能层 C，D，E 的名称。

【答】C：粘层，D：下封层，E：透层。

问题 40 因旅游公路不能中断交通，施工单位水泥稳定煤矸石基层施工完成后，不能及时铺筑沥青混凝土面层，在基层上喷洒透层油后，采用层铺法表面处治铺筑了相应的功能层 B。写出功能层 B 的名称，该功能层还可采用哪种方法施工？

【答】B：下封层。还可采用稀浆封层法施工。

问题 41 施工时，喷洒透层沥青应符合的技术要求有哪些？

【答】喷洒透层沥青应符合下列技术要求：

（1）喷洒透层沥青前，路面应清扫干净，应采取防止污染路缘石及人工构造物的措施。

（2）洒布的透层沥青应渗透入基层一定深度，不应在表面流淌，并不得形成油膜。

（3）如遇大风或即将降雨时不得浇洒透层沥青。

（4）气温低于 10 ℃时，不宜浇洒透层沥青。

（5）应按设计的沥青用量一次浇洒均匀，当有遗漏时，应用人工补洒。

（6）喷洒透层沥青后，严禁车辆、行人通过。

(7)在铺筑沥青面层前,当局部地方有多余的透层沥青未渗入基层时,应予清除。

(8)透层沥青洒布后应待充分渗透,一般不少于24 h后才能摊铺上层。

问题42 道路石油沥青的适用范围是什么?

【答】道路石油沥青的适用范围见下表。

沥青等级	适用范围
A级沥青	各个等级的公路,适用于任何场合和层次
B级沥青	(1)高速公路、一级公路沥青下面层及以下的层次,二级及二级以下公路的各个层次。 (2)用作改性沥青、乳化沥青、改性乳化沥青、稀释沥青的基质沥青
C级沥青	三级及三级以下公路的各个层次

问题43 沥青路面按结构组成划分可分为哪几类?每种结构的典型代表分别是什么?

【答】沥青路面按组成结构划分,可分为密实-悬浮结构、密实-骨架结构和骨架-空隙结构。

密实-悬浮结构的典型代表是AC-I型沥青混凝土。

密实-骨架结构的典型代表是沥青碎石玛瑞脂混合料(SMA)。

骨架-空隙结构的典型代表是沥青碎石混合料(AM)和排水沥青混合料(OGFC)。

问题 44 热拌沥青混合料面层的施工工艺流程是什么?

【答】热拌沥青混合料面层的施工工艺流程如下图所示。

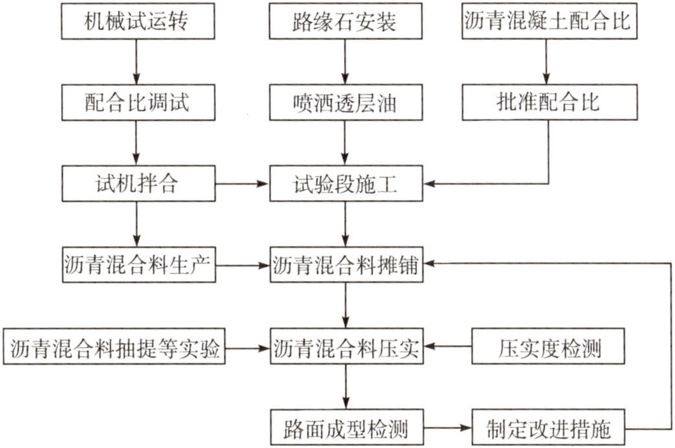

问题 45 沥青路面施工常用的机械有哪些?

【答】沥青路面施工常用的机械有双轮双振压路机、胶轮压路机、沥青混凝土搅拌设备、摊铺机、运输车辆。

问题 46 沥青混合料摊铺的主要规定有哪些?

【答】沥青混合料摊铺的主要规定如下:

(1)下、中面层采用走线法施工,表面层采用平衡梁法施工。

(2)摊铺机每次开铺前,将熨平板加热至不低于 100 ℃。

(3)采用雾状喷水法,以保证沥青混合料碾压过程不粘轮。

(4)摊铺机无法作业的地方,应在监理工程师同意后,采用人工摊铺施工。

问题 47 水泥混凝土路面的主要施工工序有哪些?

【答】水泥混凝土路面的主要施工工序有准备工作、混凝土拌合物的搅拌和运输、摊铺、振捣、整平饰面、纵横缝设置与施工、混凝土养护、灌缝等工序。

问题 48 水泥混凝土路面施工设备主要有哪些?

【答】水泥混凝土路面施工设备主要有混凝土搅拌站、装载机、运输车、布料机、挖掘机、吊车、滑模摊铺机、整平机、拉毛养护机、切缝机、洒水车等。

问题 49 水泥稳定碎石基层混合料的拌和方法有哪几种?

【答】水泥稳定碎石基层混合料的拌和方法有人工路拌法和集中厂拌法。

问题 50 无机结合料人工路拌法施工的工艺流程是什么?

【答】无机结合料人工路拌法施工的工艺流程如下图所示。

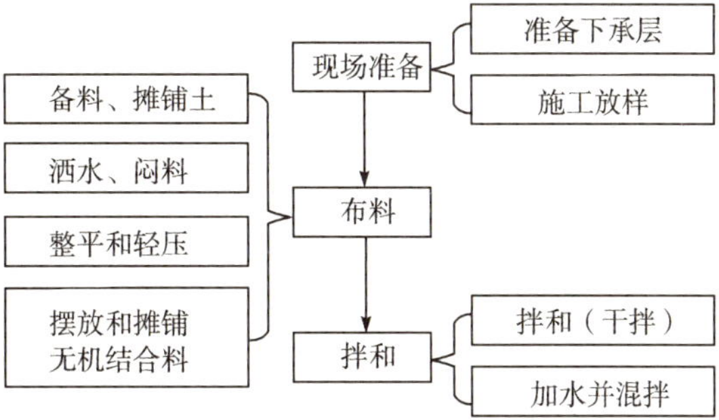

问题 51　无机结合料稳定基层施工过程中，采用人工摊铺与碾压时，接缝的处理要求有哪些？同日施工的两工作段如何做好衔接处理？

【答】摊铺时宜避免纵向接缝，分两幅摊铺时，纵向接缝处应加强碾压。存在纵向接缝时，纵缝应垂直相接，严禁斜接。

同日施工的两工作段的衔接处理应满足前一段拌和整形后，留 5～8 m 不碾压；后一段施工时，在前一段的未压部分再加部分水泥重新拌和，并与后一段一起碾压。

问题 52　水泥混凝土路面板块脱空、桥头沉陷、板的不均匀沉陷等病害的处理工艺和流程是什么？

【答】处理工艺：水泥浆高压灌注。

工艺流程：定位→钻孔→制浆→灌浆→灌浆孔封堵→交通控制→弯沉检测。

问题53　水泥混凝土路面发生错台或板块网状开裂的处理方法是什么?

【答】对发生错台或板块网状开裂,应先将整个板全部凿除,再对路基及基层重新进行夯实,并清理维护换板部位基层顶面,对于换板部分的基层调平,可由新浇筑的水泥混凝土面板一次进行,不再单独选择材料调平。

问题54　水泥混凝土路面板块脱空采用压浆处理后再次脱空的判断原则是什么?

【答】待强度达到要求后,对压浆板四角的弯沉值进行复测,若弯沉值超过0.3 mm,则说明板块有可能再次脱空。

问题55　水泥混凝土路面施工时,掺合料在使用前应注意哪些问题?

【答】各种掺合料在使用前,应进行混凝土配合比试配检验与掺量优化试验,确认面层水泥混凝土弯拉强度、工作性、抗磨性、抗冰冻性、抗盐冻性等指标满足设计要求。

问题56　水泥混凝土路面施工时,再生粗集料的使用要求有哪些?

【答】中、轻交通荷载等级公路面层水泥混凝土可使用再生粗集料,其质量应符合相关规定。再生粗集料可单独或掺配新集料后使用,但应通过配合比试验验证,确定混凝土性能满足设计要求,并符合下列规定:

(1)有抗冰冻、抗盐冻要求时,再生粗集料不应低于Ⅱ级;无抗冰冻、抗盐冻要求时,可使用Ⅲ级再生粗集料。

(2)再生粗集料不得用于裸露粗集料的水泥混凝土抗滑表层。

(3)不得使用出现碱活性反应的混凝土为原料破碎生产的再生粗集料。

问题57 马歇尔试验评价沥青混合料在外力作用下抵抗变形的能力指标有哪些?

【答】抵抗变形的能力指标有稳定度、流值。

问题58 水泥混凝土路面的纵缝类型有哪几种?

【答】纵缝类型有纵向施工缝、纵向缩缝。

问题59 水泥混凝土抗压强度试验方法的正确做法有哪些?

【答】(1)混凝土强度以标准试件养护到28 d,按规定方法测得的强度为准。

(2)试验过程中,若试件有蜂窝、麻面等缺陷,可在试验前3 d用水泥砂浆填补修整,并在试验结束后整理的试验报告中加以说明。

(3)以成型时侧面作为上下受压面进行压力试验。

问题60 水泥混凝土路面裂缝有哪几种形式?

【答】水泥混凝土路面裂缝有横向裂缝、纵向裂缝和龟裂。

问题61 沥青混凝土路面不平整的预防措施有哪些?

【答】沥青混凝土路面不平整的预防措施如下:

(1)在摊铺机及找平装置使用前,应仔细设置和调整,使其处于良好的工作状态,并根据实铺效果进行随时调整。

(2)现场应设置专人指挥运输车辆,确保摊铺机应均匀连续作业,中间不得停顿,不得随意调整摊铺机的行驶速度,且在卸料时,严禁卸料车撞击摊铺机。

(3)路面各个结构层的平整度应严格控制,严格工序间的交验制度。

(4)针对混合料中沥青性能特点,确定压路机的机型和重量,并确定出施工的初次碾压温度,合理选择碾压速度,严禁在未成型的油面表层急刹车及快速起步,并选择合理的振频、振幅。

(5)在摊铺机前设专人清除掉在"滑靴"前的混合料及摊铺机履带下的混合料。

(6)为改进构造物伸缩缝与沥青路面衔接部位的牢固及平顺,先摊铺沥青混凝土面层,再做构造物伸缩缝。

(7)做好沥青混凝土路面接缝施工,路面纵缝应采用热接缝。

问题62 水泥混凝土路面龟裂的可能原因有哪些?

【答】水泥混凝土路面龟裂的可能原因如下:

(1)混凝土中各类用料配合比不合理,如水泥用量多、含砂量过大等问题。

(2)混凝土在拌制时水胶比过大以及模板与垫层太干,吸水性大,水分被迅速吸收而导致开裂。

(3)路基压实后养护不到位,表面失水过多。

(4)施工不规范,导致混凝土表面出现过多的水泥和细集料,致使产生缩裂。

问题63 水泥混凝土路面纵向裂缝的可能原因有哪些?

【答】水泥混凝土路面纵向裂缝的可能原因有:路基压实不均;清淤不彻底;压实度不足或回填不均匀;路基存在软弱层;新旧路基结合部台阶宽度不足或未挖台阶;对于半填半挖路段,没有按照规定设置台阶和压实等。

问题 64　水泥混凝土表面局部出现蜂窝缺陷的可能原因有哪些?

【答】水泥混凝土表面局部出现蜂窝缺陷的可能原因有:振捣设备选择不合理;过振;漏振(欠振);材料计量不准确;拌和不均匀(拌和时间不够);混凝土配合比设计不合理。

问题 65　桥梁主要由哪些构造物组成?

【答】桥梁由四个基本部分组成,即上部结构、下部结构、支座和附属设施。

[注]对于桥梁来说,上部结构又称为桥跨结构、桥孔结构,主要包括承重结构以及联结部件等。下部结构包括桥台、桥墩和基础。

问题 66　桥梁施工中,支架搭设时应注意哪些问题?临边作业时,防护栏杆的安全要求有哪些?

【答】支架搭设时应注意下列问题:

(1)搭设支架时,支架扫地杆(最底层水平杆)与立杆底托底面距离不应大于 55 cm。

(2)支架不得与安全应急通道相连接。

临边作业的防护栏杆应由横杆、立杆及挡脚板组成,防护栏杆应符合下列安全要求:

(1)防护栏杆应为两道横杆,上杆距地面高度应为 1.2 m,下杆应在上杆和挡脚板中间设置。

(2)当防护栏杆高度大于 1.2 m 时,应增设横杆,横杆间距不应大于 600 mm。

(3)防护栏杆立杆间距不应大于 2 m。

(4)挡脚板高度不应小于 180 mm。

问题 67　桥梁施工中,支架预压应符合哪些规定?

【答】支架宜根据其结构形式、所用材料和地基情况的不同,在施工前确定是否对其进行预压,并应符合下列规定：

(1)对位于刚性地基上的刚度较大且非弹性变形可确定控制在一定范围内的支架，在经计算并通过一定审核程序，确认其满足强度、刚度和稳定性等要求的前提下，可不预压；但在施工过程中应对支架的材料和安装施工质量采取严格的管控措施。

(2)对位于软土地基或软硬不均地基上的支架，宜通过预压的方式，消除地基的不均匀沉降和支架的非弹性变形。

(3)对支架进行预压时，预压荷载宜为支架所承受荷载的1.05～1.10倍，预压荷载的分布宜模拟需承受的结构荷载及施工荷载。

(4)对采用定型钢管脚手架作为承重杆件的满布式支架进行预压时，可按现行相应规定执行。

问题68 支架施工预拱度的设置应考虑哪些主要因素？

【答】支架施工预拱度的设置应考虑下列因素：

(1)模板、支架承受施工荷载引起的弹性变形。

(2)受载后由于杆件接头的挤压和卸落装置压缩而产生的非弹性变形。

(3)支架地基在受载后的沉降变形。

问题69 桥梁施工中，模板、支架拆除应注意哪些问题？拆除的顺序是什么？

【答】模板、支架的拆除期限和拆除程序等应根据结构物特点、模板部位和混凝土所应达到的强度要求确定，并应严格按其相应的施工图设计的要求进行。对预应力混凝土结构，在符合规定的条件下，其侧模应在预应力钢束张拉前拆除；底模及支架应在结构建立预应力后方可拆除。钢筋混凝土结构的承重模板、支架，应在混凝土强度能承受其自重荷载及其他可能的叠加荷载时，方可拆除。

模板、支架的拆除应遵循后支先拆、先支后拆的原则顺序进行。墩、台的模板宜在其上部结构施工前拆除。拆除梁、板等结构的承重模板时，在横向应同时、在纵向应对称均衡卸落。简支梁、连续梁结构的模板宜从跨中向支座方向依次循环卸落；悬臂梁结构的模板宜从悬臂端开始顺序卸落。

问题 70 在进行混凝土强度试配和质量检测时，测定混凝土的抗压强度的试件有何规定？

【答】在进行混凝土强度试配和质量检测时，混凝土的抗压强度应以边长为 150 mm 的正立方体标准试件测定。

问题 71 人工挖孔灌注桩施工的主要规定有哪些？

【答】人工挖孔灌注桩施工应符合下列规定：

(1)孔口处应设置高出地面不小于 300 mm 的护圈；并应设置临时排水沟，防止地表水流入孔内。

(2)孔口四周不得堆积弃渣、无关机具及其他杂物。

(3)孔深不宜超过 15 m，孔径不宜小于 1.2 m。

(4)孔深大于 10 m 或空气质量不符合要求时，孔内作业必须采取机械强制通风措施。

(5)人工挖孔作业时，作业人员在孔内连续作业的时间不得超过 2 h。

(6)孔内照明电压应为安全电压，应使用防水带罩灯泡，电缆应为防水绝缘电缆。

(7)混凝土护壁应随挖随浇，每节开挖深度应符合专项施工方案要求，且不得超过 1 m。

问题 72 钻孔灌注桩施工中，埋设护筒的作用是什么？

【答】稳定孔壁、防止坍孔，还有隔离地表水、保护孔口地面、固定桩孔位置和起到钻头导向作用等。

问题 73 支架现浇预应力混凝土箱梁的施工工艺流程是什么?

【答】支架现浇预应力混凝土箱梁施工工艺流程通常为:地基处理→支架搭设→模板系统安装→支架加载预压→钢筋、预应力筋安装→内模安装→混凝土浇筑→混凝土养护→预应力筋张拉→预应力孔道压浆→落架、模板支架拆除。

问题 74 预应力混凝土箱梁施工中,混凝土浇筑完成后如何安排后续施工工序?

【答】预应力混凝土箱梁施工中,混凝土浇筑完成后应先拆除箱梁侧模板,再张拉预应力钢绞线,然后拆除箱梁底模板,最后拆除箱梁盘扣支架。

问题 75 对坑壁采取支护措施进行基坑开挖时应符合的规定有哪些?

【答】对坑壁采取支护措施进行基坑的开挖时,应符合下列规定:

(1)基坑较浅且渗水量不大时,可采用竹排、木板、混凝土板或钢板等对坑壁进行支护;基坑深度小于或等于4 m且渗水量不大时,可采用槽钢、H型钢或工字钢等进行支护;地下水位较高,基坑开挖深度大于4 m时,宜采用锁口钢板桩或锁口钢管桩围堰进行支护,其施工要求应符合规范规定;在条件许可时亦可采用水泥土墙、混凝土围圈或桩板墙等支护方式。

(2)支护结构应进行设计计算,支护结构受力过大时应加设临时支撑,支护结构和临时支撑的强度、刚度及稳定性应满足基坑开挖施工的要求。

问题 76 T梁双导梁架桥机架设施工的工艺流程是什么?

【答】T梁双导梁架桥机架设施工的工艺流程为:架桥机及导梁拼装、试吊→架桥机前移至安装跨,支顶前支架→运梁喂梁,吊梁、纵移到位→落梁、横梁到位→安放支座→重复各步骤架设下一片梁直至完成整孔梁→铰缝施工,完成整跨安装→架桥机前移至下一跨,直至完成整桥施工。

问题77 桥梁节段预制除长线法外还包括哪一种?梁段长线法预制及悬拼安装施工工序为:预制场及存梁区布置→梁段浇筑台座准备→梁段浇筑及养护→D→梁段外运→梁段吊拼就位→临时预应力张拉及腹板剪力齿粘合→E→预应力穿索及张拉、封锚→下一梁段施工。工序D,E各是何种工序?

【答】桥梁节段预制除长线法外还包括短线法。D:梁段吊运存放、修整,E:放松起吊索。

问题78 各预制梁段悬拼安装线形控制测量的关键项目是哪几项?

【答】各预制梁段悬拼安装线形控制测量的关键项目是标高和中轴线。

问题79 涵洞的施工要点有哪些?

【答】涵洞的施工要点如下:

(1)预制盖板等成品混凝土强度达到设计强度85%时,方可搬运安装,安装后预制构件上的吊装孔应以砂浆填塞。

(2)现浇箱涵分两阶段施工,先进行底板和梗肋的混凝土浇筑,然后再完成剩余部分的混凝土浇筑。

(3)涵洞台背回填填料宜采用透水性材料,透水性材料不足时,可采用石灰土或水泥稳定土回填。

(4)涵洞洞身两侧回填,应同时水平、分层、对称地进行填筑,压实度不应小于96%。

(5)台背与墙背回填,应在结构物强度达到设计强度的75%以上时进行。

问题80 按洞顶填土高度的不同，可将涵洞分为哪几类？

【答】按洞顶填土高度的不同，可将涵洞分为明涵、暗涵。

问题81 盖板涵（预制吊装）的施工工序是什么？

【答】盖板涵（预制吊装）的主要施工工序：测量放线→基坑开挖→现浇混凝土基础→浆砌墙身→现浇板座→提前预制盖板并吊装→出入口浆砌→防水层施工→涵洞回填及加固。

问题82 公路隧道按照跨度和长度可分为哪几类？

【答】公路隧道按跨度可分为4类，具体分类见下表。

按跨度分类	开挖宽度 B/m	说明
小跨度隧道	$B<9$	平行导洞 服务隧道 车行、人行横洞、风道及施工通道
一般跨度隧道	$9\leqslant B<14$	单洞两车道隧道
中等跨度隧道	$14\leqslant B<18$	单洞三车道隧道 单洞两车道+紧急停车带隧道
大跨度隧道	$B\geqslant 18$	单洞四车道隧道、单洞三车道+紧急停车带隧道、其他跨度大于等于18 m的隧道

公路隧道按长度可分为4类,具体分类见下表。

隧道分类	特长隧道	长隧道	中隧道	短隧道
隧道长度 L/m	$L>3\ 000$	$1\ 000<L\leqslant3\ 000$	$500<L\leqslant1\ 000$	$L\leqslant500$

问题83 隧道施工时,洞身开挖达到贯通段长度时的要求有哪些?

【答】隧道对向开挖的两工作面相距达到4倍隧道跨度时,两端施工应加强联系,统一指挥;两工作面不得同时起爆。土质和软弱破碎围岩,两开挖面间距离达到3.5倍隧道跨度时,应改为单向开挖;围岩条件较好地段,两开挖面间距离达到2.5倍隧道跨度时,应改为单向开挖。

问题84 新奥法隧道施工的基本原则是什么?

【答】新奥法隧道施工的基本原则是少扰动、早喷锚、勤量测、紧封闭。

问题85 隧道现场监控量测的必测和选测项目有哪些?

【答】必测项目包括:洞内、外观察;周边位移;拱顶下沉;地表下沉;拱脚下沉。

选测项目包括:钢架内力及外力;围岩内部位移(洞内设点);围岩内部位移(地表设点);围岩压力;两层支护间压力;锚杆轴力;支护、衬砌内应力;围岩弹性波速度;爆破振动;渗水压力、水流量;地表下沉;地表水平位移。

问题86 **拱顶下沉量测的工具有哪些?**

【答】拱顶下沉量测的工具有水准仪、铟钢尺、全站仪或其他非接触量测仪器。

问题87 **隧道施工监控量测得出的位移–时间曲线示意图如下图所示。图中的时间点 t_1 表明当时围岩和支护已呈什么状态?此时在现场应采取哪些措施?**

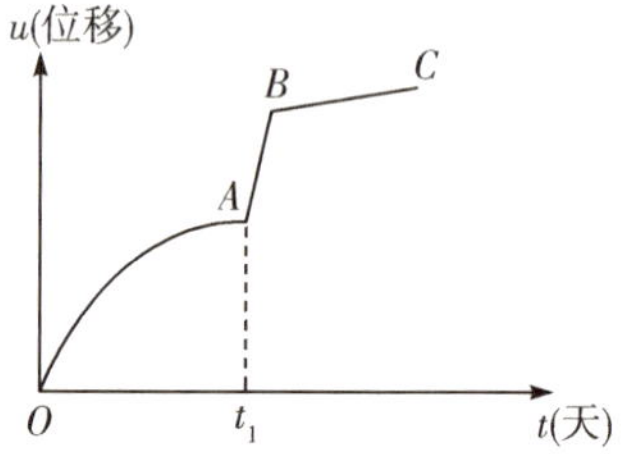

【答】围岩和支护已呈"不稳定状态"。此时,施工现场要引起高度重视,应密切监视围岩状态、加强支护、必要时暂停开挖。

问题88 **公路隧道的开挖方法及适用范围是什么?**

【答】公路隧道的开挖方法及适用范围见下表。

序号	开挖方法		围岩级别	
			双车道隧道	三车道隧道
1	全断面法		Ⅰ～Ⅲ	Ⅰ～Ⅱ
2	台阶法	长台阶法	Ⅲ～Ⅳ	Ⅱ～Ⅲ
		短台阶法	Ⅳ～Ⅴ	Ⅲ～Ⅳ
		超短台阶法	Ⅴ	Ⅳ
3	分部开挖法	环形开挖留核心土法	Ⅴ～Ⅵ	Ⅲ～Ⅳ
		中隔壁法	Ⅴ～Ⅵ	Ⅳ～Ⅴ
		交叉中隔壁法	Ⅴ～Ⅵ	Ⅳ～Ⅵ
		双侧壁导坑法	—	Ⅴ～Ⅵ

问题 89 隧道开挖时，台阶法有哪几种？台阶长度要求是什么？

【答】台阶法包括长台阶法、短台阶法和超短台阶法。

长台阶的台阶长度 50 m 以上；短台阶的台阶长度 5～50 m；超短台阶的台阶长度 3～5 m。

问题 90 使用台阶法进行隧道开挖时，开挖的施工工序有哪些？

【答】台阶法施工工序示意图如下图所示。

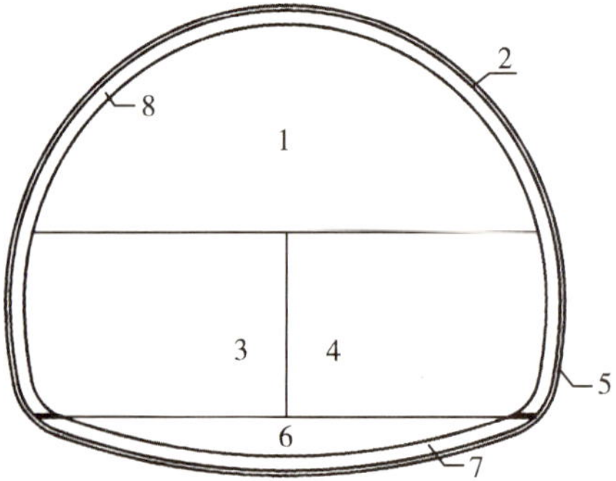

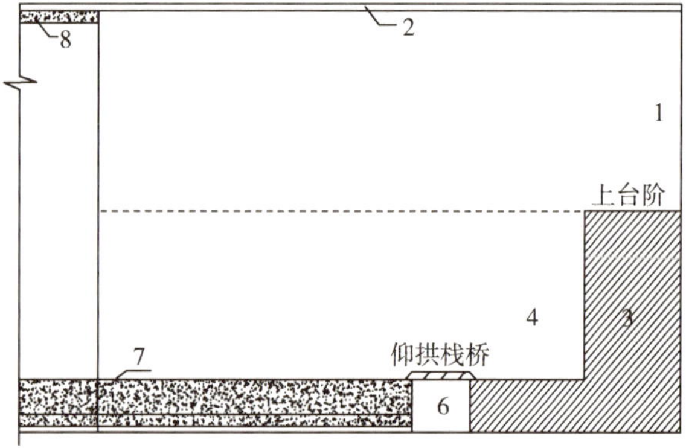

上图中各数字分别对应的施工工序为:1——上台阶开挖;2——上台阶初期支护;3,4——下台阶错开开挖;5——下台阶初期支护;6——底部开挖(捡底);7——仰拱及填充(底板);8——二次衬砌。

问题91 超前管棚支护的适用范围和工艺流程是什么?

【答】超前管棚支护适用于砂土地层、堆积地层、断层破碎带、水平薄层状地层、浅埋和塌方地段、充填岩溶等。

超前管棚支护施工流程为:浇筑导向墙(包括安设导向管)→钻孔→打设管棚钢管→插入钢筋笼→管棚钢管内注浆。

问题 92 喷射混凝土常用的方法有哪些?

【答】喷射混凝土常用的方法有干喷法、湿喷法和潮喷法。

问题 93 喷射混凝土因原岩面残留黄泥而掉落,施工单位复喷前应采取的措施有哪些?

【答】施工单位复喷前应采取的措施如下:

(1)喷射前要检查开挖断面的质量,处理好超欠挖。

(2)喷射前,岩面必须清洁。

(3)喷射混凝土支护应与围岩紧密粘接,结合牢固,喷层厚度应符合要求,不能有空洞,喷层内不容许添加片石和木板等杂物,必要时应进行粘结力测试,受喷面必须是原岩面。

问题 94 编制隧道施工方案时,应注意的施工技术要求有什么?

【答】编制隧道施工方案时,应注意以下施工技术要求:

(1)隧道洞内采用反坡排水时应设置集水坑,采用水泵抽水,将水排出洞外。井下工作水泵的排水能力不小于 1.2 倍正常涌水量,并配备备用水泵。

(2)在开挖掌子面与二次衬砌之间设置逃生通道,随开挖进尺不断前移。

(3)全断面衬砌模板台车的模板留有振捣窗,振捣窗尺寸为 450 mm × 450 mm。

(4)型钢钢架在加工厂采用冷弯法加工成形,与连接钢板焊接采用双面焊。

问题 95 衬砌混凝土养护的要求有哪些?

【答】衬砌混凝土养护的要求如下:

(1)混凝土养护时间不得少于 7 d。

(2)掺加引气剂或引气型减水剂时,混凝土养护时间不得少于14 d。
(3)隧道内空气湿度不小于90%时,可不进行洒水养护。

问题96 公路隧道施工中,仰拱与掌子面,二次衬砌与掌子面的距离分别是多少?

【答】仰拱与掌子面的距离,Ⅲ级围岩不得超过90 m,Ⅳ级围岩不得超过50 m,Ⅴ级及以上围岩不得超过40 m。

二次衬砌距掌子面的距离Ⅳ级围岩不得大于90 m,Ⅴ级及以上围岩不得大于70 m。

问题97 隧道内的排水设施有哪些?

【答】环向、竖向、纵向排水(盲)管,横向泄水(盲)管、横向导水(盲)管、中心排水管(或深埋水沟)。

问题98 隧道施工中,防水层铺设要求有哪些?防水板焊接要求有哪些?

【答】防水层铺设应符合下列规定:
(1)防水层铺设应超前二次衬砌施工1~2个循环距离衬砌段。
(2)初期支护表面应平顺。应无钢筋和锚杆头外露、尖硬物凸出、错台和急速凹凸现象。基面平整度宜满足要求。
(3)防水层宜利用专用台车铺设。
(4)防水层应环向整幅铺设,拱部和边墙应无纵向搭接。
(5)无纺布与防水板应分别铺挂,无纺布铺挂完成后再挂防水板。
(6)无纺布应采用射钉加热熔垫固定,防水板应采用无钉铺挂,铺挂固定点间距:拱部宜为

0.5～0.7 m，侧墙宜为0.7～1.0 m，在凹处应适当增加固定点。

(7)防水板铺挂时应适当松弛，松弛系数根据超挖情况确定，一般情况取1.1～1.2。

防水板焊接应符合下列规定：

(1)防水板焊接前应进行焊接试验，确定适宜的焊接温度和速度，不得出现烧焦和溶穿现象。

(2)双焊缝焊接质量应采用充气法检查，充气压力在0.25 MPa保持15 min后，压力下降应小于10%。

问题99 隧道通风防尘标准化施工包含哪些内容？

【答】隧道通风防尘标准化施工包括湿式凿岩标准化、机械通风正常化、喷雾洒水正规化、个人防护普遍化。

问题100 隧道施工中，施工单位确定用水量时，考虑了施工人员的生活用水、浴池用水、消防用水、衬砌用水(包括拌和、养护和冲洗等用水)、喷雾洒水用水等因素的耗水量，并在洞口上方砌筑了一座高压水池。施工单位还应考虑哪些施工设备用水的耗水量？

【答】施工单位还应考虑凿岩机用水、空压机冷却用水。

问题101 公路交通安全设施中，隔离栅的主要作用是什么？类型有哪些？

【答】主要作用：阻止人、动物进入公路或沿线其他禁入区域，防止非法侵占公路用地的设施。

类型：焊接网、刺钢丝网、编织网、钢板网、隔离墙、绿篱、刺钢丝网和绿篱相结合等。

问题102 公路交通安全设施中，护栏的类型有哪些？

【答】护栏的类型有波形梁护栏和混凝土护栏。

问题 103 **混凝土护栏按构造可分为哪些类型？混凝土护栏的基础可采用哪些方式？**

【答】混凝土护栏按构造可分为F型、单坡型等。

混凝土护栏的基础可采用座椅方式和桩基方式。

[注]座椅方式是将护栏基础嵌锁在路面结构中，借助路面结构对基础腿部位移的抵抗力来提高护栏的抗倾覆稳定性；桩基方式是在现浇路侧混凝土护栏前先打入钢管桩。

问题 104 **护栏预制、安装时，施工单位采取了如下做法：(1)混凝土护栏预制采用木模板，入模前进行了模板拼缝检查，并选用优质隔离剂，保证混凝土外观。(2)K298+300～K299+900中央分隔带混凝土护栏安装时，施工人员同时从两端向中间施工。(3)在吊装、堆放混凝土护栏过程中，个别混凝土护栏构件的边角出现了破损，护栏安装就位后，施工人员及时采用M10水泥砂浆进行了修补。逐条判断施工单位的做法是否正确？若不正确，写出正确做法。**

【答】(1)不正确。正确做法：预制混凝土护栏使用的模板，应采用钢模板。

(2)不正确。正确做法：混凝土护栏的安装应从一端逐步向前推进。

(3)不正确。正确做法：个别混凝土护栏构件的边角出现了破损，应在护栏安装就位前，采用高于混凝土护栏强度的材料及时修补。

2B320000 公路工程项目施工管理

问题 105 公路工程项目施工总体部署主要内容有哪些?

【答】公路工程项目施工总体部署主要内容有:

(1)建立项目组织机构。

(2)施工任务划分。根据工程划分,确定各参与施工单位的工作任务及施工阶段,明确总包与分包、各施工单位之间分工与协作的关系。

(3)安排施工顺序。确定各单位工程、分部工程、分项工程的施工顺序。

(4)设定安全、质量、进度、成本等管理目标。

(5)编制施工组织设计,如拟定主要项目的施工方案及资源配置。

(6)分析主要施工阶段工期,避免进度延后。

问题 106 公路工程施工总平面布置的原则是什么?

【答】公路工程施工总平面布置应符合下列原则:

(1)平面布置科学合理,少占农田,施工场地占用面积少。

(2)合理组织运输,减少二次搬运和缩短运距。

(3)施工区域的划分和场地的临时占用应符合总体施工部署和施工流程的要求,减少相互干扰,并有利于生产的连续性。

(4)充分利用既有建(构)筑物和既有设施为项目施工服务,降低临时设施的建造费用。

(5)临时设施应方便生产和生活,办公区、生活区和生产区宜分离设置。
(6)考虑自然条件的影响,保护施工现场和周围生态环境,符合节能、环保、安全和消防等要求。
(7)遵守当地主管部门和建设单位关于施工现场安全文明施工的相关规定。

问题107 路面各相邻结构层之间搭接类型应如何选取?

【答】路面各相邻结构层之间的搭接类型取决于相邻结构层之间的施工速度,前道工序的施工速度快于后道工序时选用开始到开始搭接类型,后道工序的施工速度快于前道工序时选用完成到完成搭接类型。

问题108 一般施工方案和重大施工方案的编制和审批流程分别是什么?

【答】一般施工方案应先由各专业工程师或专业分包单位专业工程师编制,经项目技术部门或专业分包单位技术部门审核,项目总工程师或专业分包单位技术负责人审批后实施。

重大施工方案应先由项目总工程师组织编制,经施工单位技术管理部门组织审核,由施工单位技术负责人或技术负责人授权的技术人员审批后实施。

问题109 工地试验外委管理与设备管理的要求有哪些?

【答】工地试验外委管理与设备管理的要求如下:

(1)工地试验室应加强外委试验管理,超出母体检测机构授权范围的试验检测项目和参数应进行外委,外委试验应向项目建设单位报备。

(2)接受外委试验的检测机构应取得《公路水运工程试验检测机构等级证书》(含相应参数),通过计量认证(含相应参数)且上年度信用等级为B级及以上。工地试验室应将接受外委试验的检测机构的有关证书复印件存档备查。

(3)外委试验取样、送样过程应进行见证。工地试验室应对外委试验结果进行确认。

(4)工程建设项目的同一合同段中的施工、监理单位和检测机构不得将外委试验委托给同一家检测机构。

(5)工地试验仪器设备应实施标识管理,分为管理状态标识和使用状态标识。管理状态标识包括设备名称、编号、生产厂商、型号、操作人员和保管人员等信息;使用状态标识分为"合格""准用""停用"三种,分别用"绿""黄""红"三色标签进行标识。

问题110 薄壁墩施工的质量控制关键点有哪些?

【答】薄壁墩施工常见质量控制关键点如下:

(1)墩身锚固钢筋预埋质量控制。

(2)墩身平面位置控制。

(3)墩身垂直度控制。

(4)模板接缝错台控制。

(5)墩顶支座预埋件位置、数量控制。

(6)墩身与承台连接处混凝土裂缝控制。

(7)墩顶实心段混凝土裂缝控制。

问题111 填石路基的实测项目有哪些?其中的关键项目有哪些?

【答】填石路基的实测项目有压实(Δ)、弯沉(Δ)、纵断高程、中线偏位、宽度、平整度、横坡、边坡坡度、边坡平顺度。

关键项目有压实(Δ)和弯沉(Δ)。

问题112 **稳定土基层和底基层的实测项目有哪些？其中的关键项目有哪些？**

【答】稳定土基层和底基层的实测项目有压实度(Δ)、平整度、纵断高程、宽度、厚度(Δ)、横坡、强度(Δ)。

关键项目有压实度(Δ)、厚度(Δ)、强度(Δ)。

问题113 **级配碎(砾)石基层和底基层的实测项目有哪些？其中的关键项目有哪些？**

【答】级配碎(砾)石基层和底基层的实测项目有压实度(Δ)、弯沉值、平整度、纵断高程、宽度、厚度(Δ)、横坡。

关键项目有压实度(Δ)、厚度(Δ)。

问题114 **喷射混凝土的实测项目有哪些？其中关键项目有哪些？**

【答】喷射混凝土的实测项目有喷射混凝土强度(Δ)、喷层厚度、喷层与围岩接触状况(Δ)。

关键项目有喷射混凝土强度(Δ)、喷层与围岩接触状况(Δ)。

问题115 **专项施工方案的审批程序是什么？**

【答】专项施工方案应当由施工单位技术负责人审核签字、加盖单位公章，并由总监理工程师审查签字、加盖执业印章后方可实施。

危大工程实行分包并由分包单位编制专项施工方案的，专项施工方案应当由总承包单位技术负责人及分包单位技术负责人共同审核签字并加盖单位公章。

问题116 **专项施工方案中的劳动力计划包括哪些类别的人员？**

【答】劳动力计划包括专职安全生产管理人员、特种作业人员等。

问题 117 公路工程专项施工方案的主要内容有哪些?

【答】公路工程专项施工方案应包括下列主要内容。

(1)工程概况:工程基本情况、施工平面布置、施工要求和技术保证条件。

(2)编制依据:相关法律、法规、规范性文件、标准、规范及图纸(国标图集)、施工组织设计等。

(3)施工计划:包括施工进度计划、材料与设备计划。

(4)施工工艺技术:技术参数、工艺流程、施工方法、检查验收等。

(5)施工安全保证措施:组织保障、技术措施、应急预案、监测控制等。

(6)劳动力计划:专职安全生产管理人员、特种作业人员等。

(7)计算书及相关图纸。

问题 118 桥涵工程中需专家论证、审查的危险性较大的分部分项工程有哪些?

【答】桥涵工程中需专家论证、审查的危险性较大的分部分项工程如下:

(1)长度不小于 40 m 的预制梁的运输与安装,钢箱梁吊装。

(2)跨度不小于 150 m 的钢管拱安装施工。

(3)高度不小于 40 m 的墩柱、高度不小于 100 m 的索塔等的施工。

(4)离岸无掩护条件下的桩基施工。

(5)开敞式水域大型预制构件的运输与吊装作业。

(6)在 3 级及以上通航等级的航道上进行的水上水下施工。

(7)转体施工。

问题119 召开专家论证会的规定有哪些?

【答】对于超过一定规模的危险性较大的分部分项工程,施工单位应当组织召开专家论证会对专项施工方案进行论证。实行施工总承包的,由施工总承包单位组织召开专家论证会。专家论证前专项施工方案应当通过施工单位审核和总监理工程师审查。

问题120 公路工程施工安全生产事故隐患排查中,"两项达标"的具体内容是什么?

【答】"两项达标"的内容包括:

(1)施工人员管理达标。一线人员用工登记、施工安全培训记录、安全技术交底记录、施工意外伤害责任保险等符合有关规定。

(2)施工现场防护达标。一线人员个人防护措施、施工现场安全防护措施等符合有关规定。

问题121 生产经营单位应急预案除专项应急预案还包括哪些?专项应急预案的适用范围是什么?

【答】除专项应急预案还包括综合应急预案、现场处置方案。

专项应急预案适用于某一种或者多种类型生产安全事故,或者针对重要生产设施、重大危险源、重大活动防止生产安全事故。

问题122 总配电箱中必须安装的电器装置有哪些?

【答】总配电箱必须安装漏电保护器、电压表、总电流表、总电度表和其他仪器。

问题123 承包商的主要合同关系有哪些?

【答】与业主签订的承包合同,与其他各方签订的分包合同、运输合同、采购合同、租赁合同、加工合同、检测合同、保险合同和劳务采购(或分包)合同。

问题 124　某道路改建工程的施工进度计划如下图所示，指出关键线路并计算总工期。

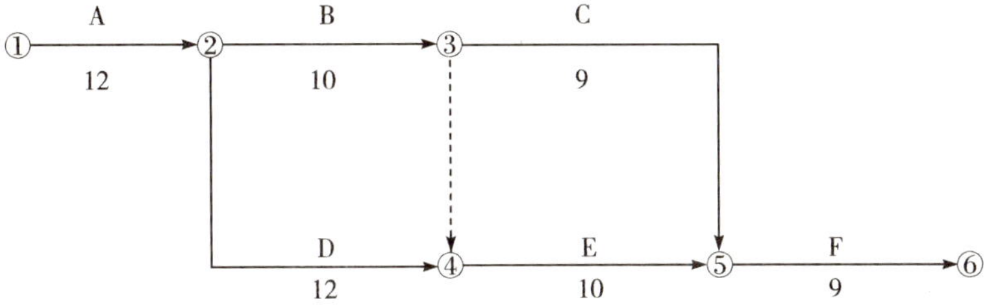

【答】关键线路是 A→D→E→F，总工期 = 12 + 12 + 10 + 9 = 43。

[注]自始至终全部由关键工作组成的线路为关键线路，或线路上总的工作持续时间最长的线路为关键线路。网络图上的关键线路可用双线或粗线标注。关键线路上的时间之和是总工期。

问题 125　公路工程变更可分为哪几种？每一种变更的审批程序是什么？

【答】公路工程变更可分为一般工程(小型工程)变更、重要工程变更和重大工程变更。

(1)一般工程变更的审批程序为：施工单位提出申请→驻地监理工程师审查→总监理工程师审批并签署工程变更令→施工单位组织变更工程施工→监理工程师和施工单位协商确定变更工程的价款及办理有关的结算工作。

(2)重要工程变更的审批程序为：监理工程师先报业主批准，然后同承包人协商确定变更工程的价格不超过业主批准的范围，最后下达工程变更令。如果超过业主批准的总额，应请求业主作进一步的批准或授权。

(3)重大工程变更的审批程序为:业主应事先取得国家计划主管部门的批准后审批工程变更。

问题126 现场预制梁场布置一般应考虑哪些因素?

【答】现场的面积、地形、工程规模、安装方法、工期及机械设备情况等。

问题127 预制梁板应喷涂的标识内容有哪些?

【答】标识内容包括预制时间、张拉时间、施工单位、梁体编号、部位名称等。

问题128 预制梁场存梁区的布设要求有哪些?

【答】存梁区台座混凝土强度等级不低于C20,台座尺寸应满足使用要求。用于存梁的枕梁应设在离梁两端面各50~80 cm处,且不影响梁片吊装,支垫材质应采用承载力足够的非刚性材料,且不污染梁底。

问题129 预制梁板存放的要求有哪些?

【答】空心板、箱梁最多存放层数应符合设计文件和相关技术规范要求。设计文件无规定时,空心板叠层不得超过3层,小箱梁和T梁堆叠存放不超过2层。预制梁存放时(特别是叠层存放)应采取支撑等措施确保安全稳定。

问题130 小型构件预制场布设场地建设功能区的划分有哪些?

【答】小型构件预制场布设场地建设功能区的划分有构件生产区、存放区、养护区、废料处理区。

问题 131 **拌和站选址的要求有哪些？**

【答】拌和站选址应满足用地合法，周围无塌方、滑坡、落石、泥石流、洪涝等地质灾害；无高频、高压电源及其他污染源；离集中爆破区 500 m 以外；不得占用规划的取、弃土场。拌和站选址除应符合上述规定外，还应根据本合同段的主要构造物分布、运输条件、通电和通水条件等特点综合选址，尽量靠近主体工程施工部位，做到运输便利、经济合理；并远离生活区、居民区，尽量设在生活区、居民区的下风向。

问题 132 **公路工程施工中，常见的土方施工机械有哪些？主要用于 50 ~ 100 m 短距离作业的施工机械是哪一种？**

【答】公路工程施工中，常见的土方施工机械有推土机、铲运机、挖掘机、装载机和平地机等。其中推土机主要用于 50 ~ 100 m 短距离作业。

问题 133 **计算施工机械台数需要考虑哪些因素？**

【答】工程量、计划时段内的台班数、机械的利用率和生产率。

问题 134 **某三级公路路面工程起讫桩号 K0 +000 ~ K20 +400。施工单位选用 1 台大型沥青混合料摊铺机进行上面层（4 cm 厚改性沥青混凝土）摊铺施工，路面 7 m 无加宽。已知沥青混合料摊铺压实后的密度为 2.4 t/m³，摊铺机的摊铺工作速度 200 m/h。摊铺机的时间利用系数为 0.8。（提示：摊铺机的每小时生产效率计算公式为：$Q = hBv\rho K_b$）。计算摊铺机的每小时生产效率 Q（计算结果保留小数点后两位）；如果摊铺机每天工作 8 h，计算上面层的施工工期（精确到整数天）。**

【答】摊铺机的每小时生产效率：$Q = hBv\rho K_b = 0.04 \times 7 \times 200 \times 2.4 \times 0.8 = 107.52$（t/h）。

上面层的施工工期：$20\ 400 \times 7 \times 0.04 \times 2.4/(107.52 \times 8) = 16$（天）。

问题135 **施工单位在Ⅲ级围岩采用钻爆法施工，采用的机械设备在下列中选择：风动凿岩机，盾构机，装药台车，轮胎式装卸机，混凝土湿喷设备，柴油自卸汽车，汽油自卸卡车，混凝土搅拌运输车，混凝土输送泵，衬砌台车，空气压缩机等。指出隧道开挖和出渣时宜选用的五种机械设备。**

【答】隧道开挖宜选用的机械：风动凿岩机、装药台车、空气压缩机。

出渣宜选用的机械：轮胎式装卸机、柴油自卸汽车。

问题136 **参与项目施工的施工设备建立了管理台账，每台设备进行了归档，主要归档内容如下：(1)设备的名称、类别、数量、统一编号。(2)产品合格证及生产许可证(复印件及其他证明材料)。(3)《大、中型设备安装、拆卸方案》《施工设备验收单》及《安装验收报告》。机械设备档案内容还有哪些？**

【答】机械设备档案内容还有：设备的购买日期；使用说明书等技术资料；各设备操作人员资格证明材料。

问题137 **桥梁基础施工中，机械钻孔设备除旋转钻机外还包括哪些？**

【答】桥梁基础施工中，机械钻孔设备除旋转钻机外还包括全套管钻机、螺旋钻机、冲击钻机、回转斗钻机、液压旋挖钻孔机。

问题138 **无钻杆机的适用条件是什么？**

【答】无钻杆机的适用条件：覆盖层大于25 MPa，孔深50 m以内，桩径1～3 m。

2B330000　公路工程项目施工相关法规与标准

问题 139　公路工程施工总承包企业资质等级可分为哪几类？各自的承包工程范围是什么？

【答】公路工程施工总承包企业资质可分为一级、二级、三级。各施工资质的总承包企业承包工程范围如下：

(1)一级资质,可承担各级公路及其桥梁、长度 3 000 m 以下的隧道工程的施工。

(2)二级资质,可承担一级以下公路,单座桥长 1 000 m 以下、单跨跨度 150 m 以下的桥梁,长度 1 000 m 以下的隧道工程的施工。

(3)三级资质,可承担二级以下公路,单座桥长 500 m 以下、单跨跨度 50 m 以下的桥梁工程的施工。

问题 140　隧道工程专业资质可分为哪几类？各资质的承包工程范围是什么？

【答】隧道工程专业资质可分为一级、二级、三级。各资质的承包工程范围如下：

(1)一级资质,可承担各类隧道工程的施工。

(2)二级资质,可承担断面 60 m^2 以下且单洞长度 1 000 m 以下的隧道工程施工。

(3)三级资质,可承担断面 40 m^2 以下且单洞长度 500 m 以下的隧道工程施工。

问题 141　施工单位招用农民工,劳动合同应如何备案？

【答】施工单位招用农民工的,应将劳动合同报项目监理工程师和项目法人备案。

问题142 国家投资的公路建设项目,为保证廉政建设措施的落实,一般情况下,按照招标文件要求,施工单位应与哪个单位签订什么文件?

【答】国家投资的公路建设项目,施工单位应与项目法人签订廉政合同。

问题143 公路工程分包人的管理职责有哪些?

【答】除承包人设定的项目管理机构外,分包人也应当分别设立项目管理机构,对所承包或者分包工程的施工活动实施管理。项目管理机构应当具有与承包或者分包工程的规模、技术复杂程度相适应的技术、经济管理人员,其中项目负责人和技术、财务、计量、质量、安全等主要管理人员必须是本单位人员。

问题144 公路工程设计变更可分为哪几类?审批程序是什么?

【答】公路工程设计变更分为重大设计变更、较大设计变更和一般设计变更。重大设计变更由交通部负责审批。较大设计变更由省级交通主管部门负责审批。项目法人负责对一般设计变更进行审查。

问题145 公路工程竣工验收应由哪个部门组织?

【答】竣工验收应由负责竣工验收的交通运输主管部门组织。

问题146 公路工程竣工验收时,如何进行质量评定?

【答】竣工验收工程质量评分采取加权平均法计算,其中交工验收工程质量得分权值为0.2,质量监督机构工程质量鉴定得分权值为0.6,竣工验收委员会对工程质量的评分权值为0.2。

对于交工验收和竣工验收合并进行的小型项目,质量监督机构工程质量鉴定得分权值为0.6,监理单位对工程质量评定得分权值为0.1,竣工验收委员会对工程质量的评分权值为0.3。

工程质量评分大于等于 90 分为优良，小于 90 分且大于等于 75 分为合格，小于 75 分为不合格。

问题 147 施工单位安全生产管理机构和专职安全生产管理人员的设置原则是什么？

【答】施工单位应当设置安全生产管理机构或者配备专职安全生产管理人员。施工单位应当根据工程施工作业特点、安全风险以及施工组织难度，按照年度施工产值配备专职安全生产管理人员，不足 5 000 万元的至少配备 1 名；5 000 万元以上不足 2 亿元的按每 5 000 万元不少于 1 名的比例配备；2 亿元以上的不少于 5 名，且按专业配备。

问题 148 高速公路路堑高边坡工程施工安全风险评估有哪几种？如何区分？

【答】高速公路路堑高边坡工程施工安全风险评估可分为总体风险评估和专项风险评估两种。总体风险评估是指桥梁或隧道工程开工前，根据桥梁或隧道工程的地质环境条件、建设规模、结构特点等孕险环境与致险因子，估测桥梁或隧道工程施工期间的整体安全风险大小，确定其静态条件下的安全风险等级。专项风险评估是指当桥梁或隧道工程总体风险评估等级达到Ⅲ级（高度风险）及以上时，将其中高风险的施工作业活动（或施工区段）作为评估对象。

问题 149 生产安全事故的事故报告程序是什么？

【答】生产安全事故发生后，事故现场有关人员应当立即向本单位负责人报告；单位负责人接到报告后，应当于 1 h 内向事故发生地县级以上人民政府应急管理部门和负有安全生产监督管理职责的有关部门报告。情况紧急时，事故现场有关人员可以直接向事故发生地县级以上人民政府应急管理部门和负有安全生产监督管理职责的有关部门报告。

问题 150 **某日早上 7 时,1 名工人进入公路隧道工程洞中启动设备,产生火花,导致隧道发生瓦斯爆炸,该名工人罹难,11 名作业人员重伤,造成直接经济损失约 320 万元。判断该事件的事故等级,并说明理由。**

【答】安全事故等级为较大事故。理由:因为死亡 1 人,重伤 11 人,直接经济损失约 320 万元,按照就重原则,属于较大事故。

[注]判断安全事故等级时,采取就高不就低的原则。安全事故等级的分类如下图所示。

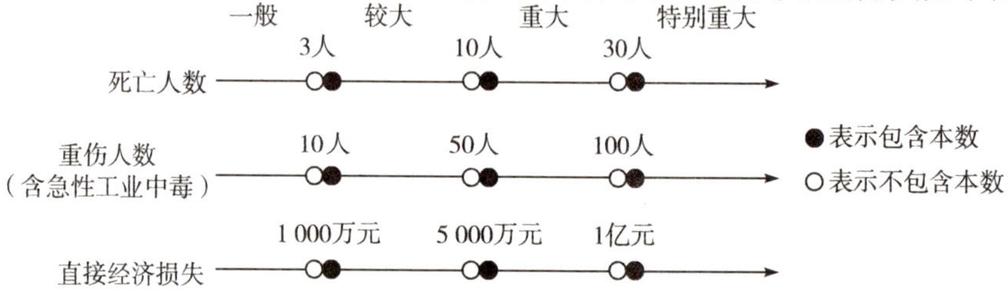